Matemáticas

Nombre: ______________________

www.ingramcontent.com/pod-product-compliance
Lightning Source LLC
LaVergne TN
LVHW061948220826
846091LV00013B/4090
9781726185844